SUR

LE PROBLÈME DE PFAFF.

Extrait du *Bulletin des Sciences mathém. et astronom.*, 2ᵉ série, t. VI; 1882.

SUR

LE PROBLÈME DE PFAFF,

PAR

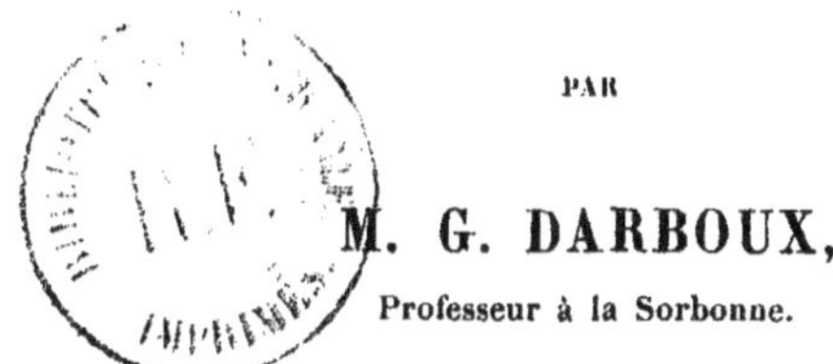

M. G. DARBOUX,

Professeur à la Sorbonne.

PARIS,

GAUTHIER-VILLARS, IMPRIMEUR-LIBRAIRE

DU BUREAU DES LONGITUDES, DE L'ÉCOLE POLYTECHNIQUE,

SUCCESSEUR DE MALLET-BACHELIER,

Quai des Augustins, 55.

1882

LE PROBLÈME DE PFAFF.

La méthode que Pfaff a fait connaître en 1814, dans les *Mémoires de l'Académie de Berlin*, pour l'intégration d'une équation aux dérivées partielles à un nombre quelconque de variables indépendantes, a été longtemps négligée : les belles découvertes de Jacobi et de Cauchy ont seules attiré l'attention des géomètres qui s'occupent de cette théorie.

Cependant, la méthode de Pfaff, qui est, d'ailleurs, la généralisation de celle que l'on doit à Lagrange pour le cas de deux variables indépendantes, offre de sérieux avantages. Elle substitue à des calculs souvent compliqués l'emploi de certaines identités différentielles qui donnent la clef et la solution intuitive des difficultés qui se présentent dans les autres méthodes. Les beaux résultats obtenus par M. Lie dans différents Mémoires insérés aux *Mathematische Annalen* montrent tout le parti qu'on peut tirer de ces identités, par exemple si l'on veut réduire au plus petit nombre possible les intégrations que l'on a à effectuer successivement avant de parvenir à la solution complète d'une équation aux dérivées partielles.

Dans le travail qu'on va lire, je me suis proposé d'expliquer la solution du problème de Pfaff sans rien emprunter à la théorie des équations aux dérivées partielles, et je me suis surtout attaché à mettre en évidence les propriétés d'invariance qui jouent un rôle fondamental dans cette solution. Je ne me suis nullement occupé des intégrations qui sont nécessaires pour amener une expression différentielle à sa forme réduite, et d'ailleurs, d'après les formules que j'ai données, les opérations que l'on doit faire pour obtenir la solution de ce problème peuvent se calquer en quelque sorte sur celles qui se rapportent à l'intégration d'une équation aux dérivées partielles.

Dans la première Partie j'étudie les formes réduites, et je montre

D.

que l'intégration du premier système de Pfaff suffit et donne immédiatement la forme réduite quand il s'agit de l'expression différentielle correspondante à une équation aux dérivées partielles.

Dans la seconde Partie j'étudie les relations entre les formes réduites, et je démontre en particulier trois propositions qui servent de base à la théorie des groupes de M. Lie ([1]).

PREMIÈRE PARTIE.

I.

Considérons l'expression différentielle

$$X_1 \, dx_1 + \ldots + X_n \, dx_n,$$

où $X_1, \ldots, X_n$ sont des fonctions données de $x_1, \ldots, x_n$. Nous la désignerons par la notation Θ_d, où l'indice d indique le système de différentielles adopté. Ainsi l'on aura

$$(1) \qquad \Theta_d = X_1 \, dx_1 + \ldots + X_n \, dx_n,$$

et si l'on emploie d'autres différentielles désignées par la caractéristique δ

$$(2) \qquad \Theta_\delta = X_1 \, \delta x_1 + \ldots + X_n \, \delta x_n.$$

([1]) La première Partie de ce travail a été écrite en 1876 et communiquée à M. Bertrand, qui enseignait alors au Collège de France la théorie des équations aux dérivées partielles. M. Bertrand a bien voulu exposer la méthode que je lui avais soumise, dans sa première leçon de janvier 1877.

Quelque temps après paraissait dans le *Journal de Borchardt* un beau Mémoire de M. Frobenius qui porte d'ailleurs une date antérieure à celle de janvier 1877 (septembre 1876) et où ce savant géomètre suit une marche assez analogue à celle que j'ai communiquée à M. Bertrand, en ce sens qu'elle repose sur l'emploi des invariants et du covariant bilinéaire de M. Lipschitz. En revenant dans ces derniers temps sur mon travail, il m'a semblé que mon exposition était plus affranchie de calcul et que, par suite de l'importance que la méthode de Pfaff est appelée à prendre, il y avait intérêt à la faire connaître.

Dans la même année 1877 a paru aussi, dans l'*Archiv for Mathematik* de Christiania, un important Mémoire de M. Lie sur le même sujet (t. II, p. 338). Mais ce travail repose sur des méthodes tout à fait différentes de celle que je vais exposer.

Des deux égalités précédentes on déduit

$$\delta\Theta_d = \sum \delta X_i \, dx_i + \sum X_i \, \delta dx_i,$$

$$d\Theta_\delta = \sum dX_i \, \delta x_i + \sum X_i \, d\delta x_i,$$

et, par conséquent,

$$\delta\Theta_d - d\Theta_\delta = \sum (\delta X_i \, dx_i - dX_i \, \delta x_i)$$

$$= \sum_i \sum_k \left(\frac{\partial X_i}{\partial x_k} - \frac{\partial X_k}{\partial x_i} \right) (dx_i \, \delta x_k - dx_k \, \delta x_i),$$

la somme étant étendue à toutes les combinaisons des indices $1, 2, \ldots n$, et se composant, par conséquent, de $\dfrac{n(n-1)}{2}$ termes. Nous poserons, pour abréger,

$$(3) \qquad a_{ik} = \frac{\partial X_i}{\partial x_k} - \frac{\partial X_k}{\partial x_i},$$

et l'égalité précédente deviendra

$$(4) \qquad \delta\Theta_d - d\Theta_\delta = \sum_i \sum_k a_{ik}(dx_i \, \delta x_k - dx_k \, \delta x_i).$$

En vertu des identités

$$a_{ik} + a_{ki} = 0, \quad a_{ii} = 0$$

qui découlent de la formule (3), on peut encore écrire l'équation (4) sous la forme

$$(4\,bis) \qquad \delta\Theta_d - d\Theta_\delta = \sum_{i=1}^{i=n} \sum_{k=1}^{k=n} a_{ik} \, dx_i \, \delta x_k.$$

Supposons maintenant que dans l'expression différentielle (1) on remplace les variables x_i par d'autres variables y_i; en effectuant la substitution définie par les formules

$$(5) \qquad x_i = \psi_i(y_1, \ldots, y_n),$$

qui donnent

$$dx_i = \sum \frac{\partial \psi_i}{\partial y_k}\, dy_k,$$

l'expression Θ_d prendra la forme

$$(6) \qquad \Theta_d = \sum Y_i\, dy_i.$$

Dans tout ce qui va suivre, nous supposerons que les n fonctions ψ_i soient indépendantes; par suite, les nouvelles variables y_i pourront être regardées comme fonctions indépendantes des anciennes, x_i. Quant aux coefficients Y_i, on peut toujours, par l'emploi des formules (5), les transformer en des fonctions des variables y_i.

Cela posé, appliquons la formule (4) à la nouvelle expression de Θ_d. Si nous posons

$$(7) \qquad b_{ik} = \frac{\partial Y_i}{\partial y_k} - \frac{\partial Y_k}{\partial y_i},$$

nous aurons

$$\delta\Theta_d - d\Theta_\delta = \sum_{i=1}^{i=n} \sum_{k=1}^{k=n} b_{ik}\, dy_i\, \delta y_k,$$

et, par conséquent,

$$(8) \qquad \sum_{i=1}^{i=n} \sum_{k=1}^{k=n} a_{ik}\, dx_i\, \delta x_k = \sum_{i=1}^{i=n} \sum_{k=1}^{k=n} b_{ik}\, dy_i\, \delta y_k.$$

Cette formule est fondamentale dans notre théorie; aussi, avant de continuer, nous en donnerons une démonstration directe sans nous appuyer sur la propriété exprimée par l'équation

$$d\delta x_i = \delta dx_i,$$

dont nous avons fait usage.

De la comparaison des expressions (1) et (6) de Θ_d on déduit les égalités

$$X_1 \frac{\partial x_1}{\partial y_k} + \ldots + X_n \frac{\partial x_n}{\partial y_k} = Y_k,$$

qui servent de définition aux quantités Y_k. On déduit de là

$$\frac{\partial Y_k}{\partial y_i} = \sum_\alpha X_\alpha \frac{\partial^2 x_\alpha}{\partial y_k \partial y_i} + \sum_\alpha \sum_{\alpha'} \frac{\partial X_\alpha}{\partial x_{\alpha'}} \frac{\partial x_\alpha}{\partial y_k} \frac{\partial x_{\alpha'}}{\partial y_i},$$

et, par conséquent,

$$\frac{\partial Y_k}{\partial y_i} - \frac{\partial Y_i}{\partial y_k} = \sum_\alpha \sum_{\alpha'} \left(\frac{\partial X_\alpha}{\partial x_{\alpha'}} - \frac{\partial X_{\alpha'}}{\partial x_\alpha} \right) \left(\frac{\partial x_\alpha}{\partial y_k} \frac{\partial x_{\alpha'}}{\partial y_i} - \frac{\partial x_\alpha}{\partial y_i} \frac{\partial x_{\alpha'}}{\partial y_k} \right),$$

la somme du second membre étant étendue à tous les systèmes de valeurs différentes de α, α' et comprenant, par conséquent, $\frac{n(n-1)}{2}$ termes.

Si l'on multiplie l'équation précédente par $dy_i\, \delta y_k - dy_k\, \delta y_i$, et que l'on fasse la somme des $\frac{n(n-1)}{2}$ équations ainsi obtenues, le coefficient de

$$\frac{\partial X_\alpha}{\partial x_{\alpha'}} - \frac{\partial X_{\alpha'}}{\partial x_\alpha}$$

dans le second membre sera

$$\sum_i \sum_k \left(\frac{\partial x_\alpha}{\partial y_k} \frac{\partial x_{\alpha'}}{\partial y_i} - \frac{\partial x_\alpha}{\partial y_i} \frac{\partial x_{\alpha'}}{\partial y_k} \right) (dy_i\, \delta y_k - dy_k\, \delta y_i),$$

c'est-à-dire

$$dx_{\alpha'}\, \delta x_\alpha - dx_\alpha\, \delta x_{\alpha'}.$$

On aura donc

$$(9) \quad \begin{cases} \displaystyle\sum_i \sum_k \left(\frac{\partial Y_i}{\partial y_k} - \frac{\partial Y_k}{\partial y_i} \right) (dy_i\, \delta y_k - dy_k\, \delta y_i) \\[2mm] \displaystyle = \sum_\alpha \sum_{\alpha'} \left(\frac{\partial X_\alpha}{\partial x_{\alpha'}} - \frac{\partial X_{\alpha'}}{\partial x_\alpha} \right) (dx_\alpha\, \delta x_{\alpha'} - dx_{\alpha'}\, \delta x_\alpha), \end{cases}$$

ce qui est la même chose que l'équation (8).

II.

Cela posé, considérons les variables x_i comme des fonctions d'une variable auxiliaire t définies par les équations différentielles

$$(10) \quad \begin{cases} a_{11}\, dx_1 + \ldots + a_{n1}\, dx_n = \lambda X_1\, dt, \\ a_{12}\, dx_1 + \ldots + a_{n2}\, dx_n = \lambda X_2\, dt, \\ \dotfill \\ a_{1n}\, dx_1 + \ldots + a_{nn}\, dx_n = \lambda X_n\, dt, \end{cases}$$

où λ sera une quantité que l'on pourra choisir arbitrairement, δ, une constante ou une fonction de t, suivant les cas. Nous ferons remarquer que les équations (10) peuvent être remplacées par l'équation unique

$$(10)^a \qquad \sum_i \sum_k a_{ik}\, dx_i \delta x_k = \lambda\, dt \sum X_i\, \delta x_i,$$

que l'on obtient en les ajoutant, après les avoir multipliées respectivement par $\delta x_1, \ldots, \delta x_n$; pourvu que l'on exige que cette équation soit vérifiée pour toutes les valeurs attribuées aux différentielles auxiliaires δx_i. Ainsi le système (10) peut être remplacé par l'équation unique

$$(10)^b \qquad \delta \Theta_d - d\Theta_\delta = \lambda \Theta_\delta dt,$$

qui devra avoir lieu, quelles que soient les différentielles δ. Dans les applications, il sera toujours préférable de former directement les deux membres de cette dernière équation au lieu de calculer successivement les quantités a_{ik} qui figurent dans le système (10). Dès à présent, les remarques qui précèdent vont nous conduire à une propriété fondamentale du système (10).

Supposons que l'on effectue un changement de variables et que l'on remplace les variables x_i par d'autres variables y_i en nombre égal, qui soient fonctions indépendantes des premières. Il est aisé de voir que le système (10) se transformera dans celui que l'on formerait de la même manière, en prenant les nouvelles variables indépendantes. Cela résulte immédiatement de ce que ce système, écrit sous la forme $(10)^b$, est évidemment indépendant de tout choix de variables indépendantes. Mais, pour plus de netteté, considérons l'équation $(10)^a$. On sait, en vertu de l'égalité (8), que son premier membre deviendra

$$\sum \sum b_{ik}\, dy_i\, \delta y_k.$$

Quant au second membre, il se transformera évidemment dans le suivant

$$\lambda\, dt \sum Y_k\, \delta y_k.$$

— 7 —

Ainsi l'équation $(10)^a$ prendra la forme

$$\sum_i \sum_k b_{ik} \, dy_i \, \delta y_h = \lambda \, dt \sum_i Y_i \, \delta y_i.$$

Les fonctions y_i étant indépendantes, leurs différentielles δy_i sont arbitraires, comme les différentielles δx_i : on pourra donc égaler les coefficients de ces différentielles dans les deux membres, et l'on aura les équations

$$(11) \quad \begin{cases} b_{11} \, dy_1 + b_{21} \, dy_1 + \ldots + b_{n1} \, dy_n = \lambda Y_1 \, dt, \\ b_{12} \, dy_1 + \ldots\ldots\ldots\ldots\ldots\ldots = \lambda Y_2 \, dt, \\ \ldots\ldots\ldots\ldots\ldots\ldots\ldots\ldots\ldots\ldots\ldots\ldots, \\ b_{1n} \, dy_1 + \ldots\ldots\ldots + b_{nn} \, dy_n = \lambda Y_n \, dt. \end{cases}$$

Ainsi, toutes les fois que les fonctions x_i satisferont aux équations (10), les fonctions y_i satisferont aux équations (11). La réciproque se démontrerait évidemment de la même manière. On peut donc dire que les systèmes (10) et (11) sont absolument équivalents, qu'ils sont deux formes d'un même système d'équations différentielles écrites avec des variables différentes. Comme ils sont composés de la même manière au moyen des variables qui y entrent, nous exprimerons d'une manière abrégée la propriété dont il s'agit en disant que *le système* (10) *est invariant*. Nous allons faire usage de cette proposition pour indiquer les formes réduites auxquelles on peut ramener l'expression différentielle Θ_d.

III.

Supposons d'abord n pair. Le déterminant gauche

$$\Sigma \pm a_{11} a_{22} \ldots a_{nn}$$

sera un carré parfait. Nous commencerons par supposer que ce déterminant est différent de zéro.

Alors on pourra résoudre les équations (10) par rapport à $dx_1, \ldots, dx_n$, et l'on obtiendra un système de la forme

$$\frac{dx_1}{H_1} = \ldots = \frac{dx_n}{H_n} = \lambda \, dt,$$

admettant $n - 1$ intégrales indépendantes de t.

Prenons pour nouvelles variables ces $n-1$ intégrales, que nous désignerons par $y_1,\ldots,y_{n-1}$, et une fonction y_n assujettie à la seule condition de ne pas être une intégrale du système. Alors $y_1,\ldots,y_n$ formeront un système de n fonctions indépendantes, et le système (10), écrit avec les nouvelles variables, prendra la forme (11). Il faut donc exprimer que les équations (11) sont vérifiées quand on y suppose constantes les $n-1$ fonctions $y_1,\ldots,y_{n-1}$.

On devra donc avoir

$$\left(\frac{\partial Y_1}{\partial y_n}-\frac{\partial Y_n}{\partial y_1}\right)dy_n = -\lambda Y_1\,dt,$$

$$\left(\frac{\partial Y_2}{\partial y_n}-\frac{\partial Y_n}{\partial y_2}\right)dy_n = -\lambda Y_2\,dt,$$

$$\cdots\cdots\cdots\cdots\cdots\cdots\cdots\cdots\cdots,$$

$$0 = \lambda Y_n\,dt.$$

On déduit de là

$$Y_n = 0,$$

$$\frac{\partial \log Y_1}{\partial y_n} = \frac{\partial \log Y_2}{\partial y_n} = \cdots = \frac{\partial \log Y_{n-1}}{\partial y_n} = \frac{-\lambda\,dt}{dy_n}.$$

Les dernières équations montrent que les fonctions $Y_1,\ldots,Y_{n-1}$ dépendent réellement de y_n, mais que leurs rapports mutuels en sont indépendants. On pourra donc poser pour $i < n$

$$Y_i = KY_i^0,$$

Y_i^0 étant indépendant de la variable y_n, et K, au contraire, la contenant nécessairement. On a ainsi ramené l'expression différentielle à la forme

$$\Theta_d = K(Y_1^0\,dy_1 + \ldots + Y_{n-1}^0\,dy_{n-1}),$$

qui a un terme de moins, mais qui jouit encore de la propriété de ne contenir la variable y_n que dans le facteur K. On peut encore écrire

(12) $$\Theta_d = y_n(Y_1^0\,dy_1 + \ldots + Y_{n-1}^0\,dy_{n-1}),$$

en désignant maintenant par y_n le coefficient K.

Supposons maintenant n impair. Alors le déterminant

$$\Delta = \Sigma \pm a_{11}\ldots a_{nn}$$

sera nul comme symétrique gauche d'ordre impair, et, par conséquent, les équations (10) ne seront jamais impossibles si l'on y
fait $\lambda = 0$. Nous supposerons d'abord que tous les mineurs du
premier ordre de Δ ne soient pas nuls. Dans ce cas, les équations
(10), où l'on fera $\lambda = 0$, détermineront complètement les rapports
des différentielles. Elles admettront donc $n - 1$ intégrales indépendantes, que nous désignerons encore par $y_1, \ldots, y_{n-1}$, et que
nous prendrons pour nouvelles variables en leur adjoignant une
fonction y_n, qui ne sera pas une intégrale, et formera, par conséquent, avec elles un système de n fonctions indépendantes. Alors
les équations (11) devront être vérifiées par la substitution des
équations

$$\lambda = 0, \quad dy_1 = 0, \quad \ldots, \quad dy_{n-1} = 0,$$

ce qui donnera

$$\frac{\partial Y_1}{\partial y_n} - \frac{\partial Y_n}{\partial y_1} = 0,$$

$$\frac{\partial Y_2}{\partial y_n} - \frac{\partial Y_n}{\partial y_2} = 0,$$

$$\cdots\cdots\cdots\cdots,$$

$$\frac{\partial Y_{n-1}}{\partial y_n} - \frac{\partial Y_n}{\partial y_{n-1}} = 0.$$

Il est aisé de trouver la forme la plus générale des fonctions
satisfaisant à ces équations. Posons, en effet,

$$Y_n = \frac{\partial \Psi}{\partial y_n}, \quad Y_k = \frac{\partial \Psi}{\partial y_k} + Y_k^0.$$

Les équations exprimeront que les dérivées des fonctions Y_k^0,
par rapport à y_n, sont toutes nulles. On pourra donc poser

$$\theta_d = d\Psi + Y_1^0 \, dy_1 + \ldots + Y_{n-1}^0 \, dy_{n-1},$$

les fonctions Y_k^0 ne dépendant pas de y_n.

Mais ici deux cas différents peuvent se présenter. En général, Ψ
contiendra y_n, et, par conséquent, $\Psi, y_1, \ldots, y_{n-1}$ seront n fonctions indépendantes. En changeant de notation, et désignant Ψ
par y_n, on aura la première forme réduite

$$(13) \qquad \theta_d = dy_n + Y_1^0 \, dy_1 + \ldots + Y_{n-1}^0 \, dy_{n-1}.$$

Mais il peut aussi arriver que Ψ ne contienne pas y_n. Alors on aura

$$\Theta_d = \left(\frac{\partial \Psi}{\partial y_1} + Y_1^0 \right) dy_1 + \ldots + \left(\frac{\partial \Psi}{\partial y_{n-1}} + Y_{n-1}^0 \right) dy_{n-1},$$

ou plus simplement

$$(14) \qquad \Theta_d = Y_1^0 \, dy_1 + \ldots + Y_{n-1}^0 \, dy_{n-1}.$$

Il sera, du reste, très aisé *a priori* de distinguer ces formes l'une de l'autre. La seconde, en effet, est caractérisée par cette propriété que Θ_d s'annule quand on a

$$dy_1 = 0, \quad \ldots, \quad dy_{n-1} = 0.$$

On voit donc que l'on obtiendra cette forme toutes les fois que l'équation

$$X_1 \, dx_1 + \ldots + X_n \, dx_n = 0$$

sera une conséquence, une simple combinaison linéaire des équations (10), où l'on aura fait $\lambda = 0$.

Considérons, par exemple, la forme à trois variables

$$F_d = X \, dx + Y \, dy + Z \, dz = 0.$$

Le système (10) devient ici

$$(15) \qquad \frac{dx}{\dfrac{\partial Y}{\partial z} - \dfrac{\partial Z}{\partial y}} = \frac{dy}{\dfrac{\partial Z}{\partial x} - \dfrac{\partial X}{\partial z}} = \frac{dz}{\dfrac{\partial X}{\partial y} - \dfrac{\partial Y}{\partial x}} .$$

Si l'on remplace dans la forme dx, dy, dz par les quantités qui leur sont proportionnelles, on obtient l'expression bien connue

$$(16) \qquad X \left(\frac{\partial Y}{\partial z} - \frac{\partial Z}{\partial y} \right) + Y \left(\frac{\partial Z}{\partial x} - \frac{\partial X}{\partial z} \right) + Z \left(\frac{\partial X}{\partial y} - \frac{\partial Y}{\partial x} \right).$$

Si cette expression n'est pas nulle, on pourra ramener F_d à la forme

$$d\gamma + M \, d\alpha + N \, d\beta,$$

où α, β sont les intégrales du système (15), M et N des fonctions de α et de β, et γ une fonction indépendante de α, β. Si, au contraire, l'expression (16) est nulle, le terme $d\gamma$ disparaîtra et il reste

$$\mathbf{F}_d = \mathbf{M}\,dx + \mathbf{N}\,d\beta = \mu\,du,$$

ce qui est d'accord avec les résultats connus.

IV.

Nous avons supposé jusqu'ici que le système (10) était déterminé. Imaginons maintenant qu'il ne le soit pas. Alors, si n est pair, le déterminant

$$\Sigma \pm a_{11}\ldots a_{nn}$$

sera nul, et il en sera, par conséquent, de même de tous ses mineurs du premier ordre, en vertu d'une propriété connue des déterminants symétriques gauches. Si n est impair, les mineurs du premier ordre du même déterminant seront tous nuls.

Alors les équations (10) se réduisent à moins de n équations distinctes, et ne suffisent plus à déterminer les rapports mutuels de $dx_1, \ldots, dx_n, dt$. Mais je remarque qu'elles forment toujours un système équivalent au système (11), le raisonnement que nous avons fait pour établir cette équivalence ne souffrant pas d'exception.

Pour simplifier, supposons que l'on ait fait $\lambda = 0$. Les équations (10) seront indéterminées. Supposons qu'elles se réduisent à p équations distinctes, p pouvant être égal à zéro.

J'ajoute arbitrairement $n - p - 1$ équations différentielles, par exemple, les suivantes :

$$d\varphi_1 = 0, \quad d\varphi_2 = 0, \quad \ldots, \quad d\varphi_{n-p-1} = 0,$$

où $\varphi_1, \ldots, \varphi_{n-p-1}$ sont des fonctions quelconques, et j'obtiens ainsi un système parfaitement déterminé. J'appelle encore $y_1, \ldots, y_{n-1}$ les $n - 1$ intégrales du système ainsi complété, et, en leur adjoignant une fonction y_n qui ne soit pas une intégrale, j'obtiens encore n fonctions indépendantes y_i, que je substitue aux variables x_i. Le système (11), où l'on fera $\lambda = 0$, devra être vérifié, comme le premier, quand on y fera

$$dy_1 = 0, \quad \ldots, \quad dy_{n-1} = 0.$$

En raisonnant comme nous l'avons fait dans le cas où n est impair, nous serons conduits aux mêmes conclusions, et nous trouverons l'une des formes (13) ou (14). En résumé, nous pouvons énoncer le théorème suivant :

Une forme Θ_d à n variables peut toujours être ramenée par l'intégration du système (10) *à l'une des trois formes*

$$(A) \quad \begin{cases} y_n(Y_1\,dy_1 + \ldots + Y_{n-1}\,dy_{n-1}), \\ \quad Y_1\,dy_1 + \ldots + Y_{n-1}\,dy_{n-1}, \\ dy_n + Y_1\,dy_1 + \ldots + Y_{n-1}\,dy_{n-1}, \end{cases}$$

où les variables $y_1, \ldots, y_{n-1}$ sont indépendantes, et où les fonctions Y_i ne dépendent que de $y_1, \ldots, y_{n-1}$. Quelques-unes de ces fonctions Y_i pourront, d'ailleurs, être nulles. La première de ces trois formes ne se présente que lorsque n est pair et le déterminant

$$\Sigma \pm a_{11} \ldots a_{nn}$$

différent de zéro.

On peut encore énoncer le résultat précédent de la manière suivante. Désignons par Θ_d^n une forme différentielle à n variables. On peut toujours ramener Θ_d^n à l'une des trois formes

$$y_n\,\Theta_d^{n-1}, \quad \Theta_d^{n-1}, \quad dy_n + \Theta_d^{n-1},$$

où y_n est une variable tout à fait indépendante de celles qui figurent dans la nouvelle expression différentielle Θ_d^{n-1}.

V.

Nous pouvons maintenant démontrer le théorème suivant :

Une forme Θ_d peut toujours être ramenée à l'un des deux types suivants :

$$(17) \quad \begin{cases} dy - z_1\,dy_1 - z_2\,dy_2 - \ldots - z_p\,dy_p, \\ \quad z_1\,dy_1 + z_2\,dy_2 + \ldots + z_p\,dy_p, \end{cases}$$

où les fonctions $y, y_1, \ldots, z_k$ constituent un système de variables indépendantes, c'est-à-dire sont des fonctions indépendantes de toutes les variables qui entrent dans la forme Θ_d.

Le premier des deux types précédents sera appelé type *indéterminé;* l'autre sera le type *déterminé.*

Cette proposition, nous allons le démontrer, est une conséquence presque immédiate de la précédente. En effet, elle est évidente pour les formes à une et à deux variables. Il suffira donc de montrer que, si elle est vraie pour une forme à $n-1$ variables, elle l'est aussi pour une forme contenant une variable de plus.

Pour cela, nous remarquerons qu'une forme à n variables peut être ramenée à un des trois types A. Négligeant le second, qui ne dépend que de $n-1$ variables et pour lequel, par conséquent, le théorème est admis, nous remarquerons que les deux autres se composent d'une manière très simple avec la fonction à $n-1$ variables $Y_1 dy_1 + \ldots + Y_{n-1} dy_{n-1}$.

Remplaçant cette forme à $n-1$ variables par l'un des deux types (17), nous obtiendrons pour la forme à n variables l'une des expressions suivantes :

$$y_n(du - v_1 du_1 - v_2 du_2 - \ldots - v_p du_p),$$
$$y_n(v_1 du_1 + \ldots + v_p du_p),$$
$$d(y_n + u) - v_1 du_1 - v_2 du_2 - \ldots - v_p du_p,$$
$$dy_n + v_1 du_1 + v_2 du_2 - \ldots + v_p du_p,$$

où u, u_i, v_k sont des fonctions indépendantes de $y_1, \ldots, y_{n-1}$, et où, par conséquent, y_n, u, u_i, v_k sont des fonctions indépendantes des variables primitives.

Les deux dernières expressions rentrent évidemment dans le type indéterminé. Quant aux deux premières, on les ramène au second type en substituant aux fonctions $v_1, \ldots, v_p$ les suivantes :

$$v_1 y_n = \pm w_1, \quad \ldots, \quad v_p y_n = \pm w_p.$$

Le théorème est donc établi. Il en résulte évidemment la conséquence suivante :

Si la forme réduite de l'expression à n variables Θ_d est

$$z_1 dy_1 + \ldots + z_p dy_p,$$

les $2p$ fonctions z_i, y_k des variables x_i étant indépendantes, on a nécessairement $2p \lessgtr n$.

Si la forme réduite est

$$dy - z_1\, dy_1 - \ldots - z_p\, dy_p,$$

il faudra de même que l'on ait $2p + 1 \gtreqless n$.

VI.

Nous allons maintenant résoudre le problème suivant :

Étant donnée une forme Θ_d à n variables, auquel des deux types (17) peut-elle être ramenée et quelle est alors la valeur du nombre p?

Ce problème est susceptible d'une solution extrêmement simple. En effet, supposons que l'on transforme l'expression Θ_d en prenant comme nouvelles variables celles qui figurent dans la forme réduite, et d'autres d'une manière quelconque pour compléter le nombre de n fonctions indépendantes. Voyons ce que deviendra le système (10). Ce système peut se remplacer par l'unique équation

$$(18) \qquad \delta\Theta_d - d\Theta_\delta = \lambda\Theta_\delta dt,$$

qui doit avoir lieu, quelles que soient les différentielles δ. Supposons d'abord que la forme réduite de Θ_d soit

$$\Theta_d = dy - z_1\, dy_1 - z_2\, dy_2 - \ldots - z_p\, dy_p.$$

On aura

$$\delta\Theta_d - d\Theta_\delta = dz_1\, \delta y_1 - dy_1\, \delta z_1 + \ldots + dz_p\, \delta y_p - dy_p\, \delta z_p,$$

et le système (10) ou l'équation (18), qui lui est équivalente, nous donnera

$$(19) \qquad \begin{cases} dy_1 = 0, & dz_1 = -\lambda z_1\, dt, \\ dy_2 = 0, & dz_2 = -\lambda z_2\, dt, \\ \cdots\cdots\cdots\cdots\cdots\cdots\cdots\cdots \\ dy_p = 0, & dz_p = -\lambda z_p\, dt, \\ & 0 = \lambda\, dt. \end{cases}$$

On voit que l'on aura nécessairement $\lambda = 0$, et que les équations (10) se réduiront à $2p$, qui seront complètement intégrables.

Si, au contraire, la forme réduite est

$$\Theta_d = z_1 \, dy_1 + \ldots + z_p \, dy_p,$$

le système (10) sera équivalent au suivant :

$$(20) \qquad \begin{cases} dy_1 = 0, & dz_1 = \lambda z_1 \, dt, \\ dy_2 = 0, & dz_2 = \lambda z_2 \, dt, \\ \cdots\cdots\cdots\cdots\cdots\cdots, \\ dy_p = 0, & dz_p = \lambda z_p \, dt. \end{cases}$$

Il ne sera pas nécessaire ici de faire $\lambda = 0$, ce qui distingue ce cas du premier. D'ailleurs les équations admettront $2p - 1$ intégrales indépendantes de t,

$$y_1 = C_1, \qquad \frac{z_2}{z_1} = C'_1,$$
$$\cdots\cdots\cdots\cdots\cdots\cdots,$$
$$y_p = C_p, \qquad \frac{z_p}{z_1} = C'_{p-1}.$$

Nous pouvons donc énoncer les théorèmes suivants :

Si les équations (10), *considérées comme déterminant les différentielles* dx_i, *sont impossibles tant que* λ *est différent de zéro, la forme* Θ_d *est réductible au type indéterminé*

$$dy - z_1 \, dy_1 - z_2 \, dy_2 - \ldots - z_p \, dy_p.$$

Le nombre $2p$ *est égal à celui des équations distinctes auxquelles se réduisent les équations* (10) *quand on y fait* $\lambda = 0$, *et, par conséquent, il sera facile de le déterminer a priori. De plus, les* $2p$ *équations auxquelles se réduisent alors les équations* (10) *sont complètement intégrables, et les variables* y_i, z_k *de la forme réduite sont des fonctions de leurs* $2p$ *intégrales.*

Si les équations (10) *peuvent être vérifiées en supposant* λ *différent de zéro, la forme est réductible au type déterminé*

$$z_1 \, dy_1 + \ldots + z_p \, dy_p.$$

Le nombre $2p$ *est égal à celui des équations distinctes auxquelles se réduisent alors les équations* (10). *De plus, ces équations sont toujours complètement intégrables, et l'on aurait, au moyen des variables de la forme réduite, un système d'inté-*

grales de ces équations par les formules

$$y_1 = \alpha_1, \quad z_1\, e^{-\int \lambda dt} = \beta_1,$$
$$\dots\dots\dots\dots\dots\dots,$$
$$y_p = \alpha_p, \quad z_p\, e^{-\int \lambda dt} = \beta_p.$$

En d'autres termes, ces équations différentielles admettent pour intégrales indépendantes de t les fonctions $y_1, \dots, y_p$ et les quotients $\dfrac{z_2}{z_1}, \dots, \dfrac{z_p}{z_1}$.

Comme application, étudions la forme réduite de Θ_d dans le cas le plus général.

Si n est pair, le déterminant

$$\Sigma \pm a_{11}\dots a_{nn}$$

n'est pas nul, et l'on peut résoudre les équations (10) par rapport aux différentielles dx_i; λ n'est pas nul, et les équations (10) sont toutes distinctes. On a donc ici le second type (17), et la forme réduite est

$$z_1\, dy_1 + z_2\, dy_2 + \dots + z_{\frac{n}{2}}\, dy_{\frac{n}{2}}.$$

Si, au contraire, n est impair, le déterminant

$$\Sigma \pm a_{11}\dots a_{nn}$$

est nul; mais ses mineurs du premier ordre ne sont pas nuls en général. Il faut donc, nous l'avons vu, sauf un cas exceptionnel, que $\lambda = 0$, et alors les équations se réduisent à $n-1$ distinctes; la forme réduite est

$$dy - z_1\, dy_1 - \dots - z_{\frac{n-1}{2}}\, dy_{\frac{n-1}{2}}.$$

VII.

Nous avons vu comment on reconnaît à quel type se rattache une forme différentielle et comment on détermine le nombre p; il resterait à indiquer les intégrations qui sont nécessaires pour ramener une expression différentielle donnée à sa forme canonique. Les belles découvertes de MM. Mayer et Lie ont beaucoup diminué la difficulté de ce sujet; mais, dans ce travail, je ne m'occupe-

rai que des propriétés d'invariance relatives à une forme différentielle. Je vais donc me contenter d'expliquer la marche générale
des intégrations, mon unique but étant de montrer que la méthode
de Pfaff, appliquée à une équation aux dérivées partielles, conduit
aux mêmes résultats que celle de Cauchy.

Considérons d'abord une expression différentielle

$$\Theta_d^n = X_1\, dx_1 + \ldots + X_n\, dx_n,$$

dont la forme canonique soit

$$(21) \qquad z_1\, dy_1 + \ldots + z_p\, dy_p.$$

Nous savons qu'alors le système de Pfaff

$$\delta\Theta_d - d\Theta_\delta = \lambda\Theta_\delta\, dt$$

est complètement intégrable si $2p < n$, et admet par conséquent,
dans tous les cas, $2p - 1$ intégrales indépendantes de t. Il y aura
donc toujours au moins $n - 2p - 1$ des variables x_i qui ne seront
pas des intégrales. Supposons, pour fixer les idées, que ce soient
les dernières

$$x_{2p}, \quad x_{2p+1}, \quad \ldots, \quad x_n.$$

Les $2p - 1$ intégrales du système de Pfaff se réduisent, quand
on fait

$$x_{2p} = x_{2p}^0, \quad x_{2p+1} = x_{2p+1}^0, \quad \ldots, \quad x_n = x_n^0,$$

$x_{2p}^0, \ldots, x_n^0$ étant des constantes numériques, à des fonctions de
$x_1, \ldots, x_{2p-1}$. Il y aura donc une intégrale qui se réduira à x_1,
une autre à x_2, et ainsi de suite (¹). Nous désignerons par $[x_i]$ ou
u_i celle de ces intégrales qui se réduit à x_i. Nous savons que les
fonctions u_i dépendent uniquement des variables $y_1, \ldots, y_p$ qui
figurent dans la forme canonique (21), et des quotients $\dfrac{z_p}{z_1}, \ldots, \dfrac{z_p}{z_1}$.
Cela posé, prenons pour nouvelles variables

$$u_1, \quad \ldots, \quad u_{2p-1}, \quad x_{2p}, \quad \ldots, \quad x_n,$$

(¹) Cette classification des intégrales d'un système d'équations est, comme on
sait, due à Cauchy dans le cas où il y a une seule variable indépendante. Elle a
été déjà utilisée, en ce qui concerne les systèmes complètement intégrables, par
M. Lie, dans le Mémoire, que nous avons déjà cité, sur le problème de Pfaff.

D.

2

qui sont évidemment des fonctions indépendantes des premières.

La forme Θ_d^n deviendra

$$(22) \qquad K(U_1\,du_1 + \ldots + U_{2p-1}\,du_{2p-1}),$$

$U_1, \ldots, U_{2p-1}$ ne dépendant que de $u_1, \ldots, u_{2p-1}$ et K contenant au contraire une ou plusieurs des variables $x_{2p}, \ldots, x_n$. Cela est aisé à démontrer de plusieurs manières. Par exemple, si l'on part de la forme canonique (21)

$$z_1\left(dy_1 + \frac{z_2}{z_1}\,dy_2 + \ldots + \frac{z_p}{z_1}\,dy_p\right),$$

on sait que $\frac{z_k}{z_1}$, y_i sont des fonctions des variables u_i. Si donc on remplace y_i, $\frac{z_k}{z_1}$ par leurs expressions en fonction des intégrales u_i et si l'on remarque que z_1 est une fonction indépendante des précédentes, on retrouve bien l'expression (22).

Je ferai remarquer que la fonction K, qui figure dans cette expression, n'est pas complètement définie. Rien n'empêche de la diviser par une fonction quelconque $\varphi(u_1, \ldots, u_{2p-1})$, à la condition de multiplier les quantités u par la même fonction φ. Mais on peut déterminer complètement K par la condition suivante :

Supposons que, pour $x_{2p} = x_{2p}^0, \ldots, x_{2n} = x_{2n}^0$, K se réduise à une fonction

$$\psi(x_1, \quad x_2, \quad \ldots, \quad x_{2p-1}).$$

Nous diviserons K par $\psi(u_1, u_2, \ldots, u_{2p-1})$, et alors la nouvelle valeur de K sera complètement définie et jouira de la propriété de se réduire à 1 quand on fera $x_{2p} = x_{2p}^0, \ldots, x_n = x_n^0$.

Cela posé, écrivons l'identité

$$X_1\,dx_1 + \ldots + X_n\,dx_n = K(U_1\,du_1 + \ldots + U_{2p-1}\,du_{2p-1}),$$

et faisons dans les deux membres $x_{2p} = x_{2p}^0, \ldots, x_n = x_n^0$. Désignons par X_p^0 ce que devient alors X_p. Comme K devient alors égal à 1, u_i égal à x_i, on aura

$$X_1^0\,dx_1 + \ldots + X_{2p-1}^0\,dx_{2p-1} = U_1\,dx_1 + \ldots + U_{2p-1}\,dx_{2p-1},$$

et par conséquent on pourra écrire

$$U_i = X_i^0,$$

ce qui nous conduit au théorème suivant :

Supposons que la forme canonique d'une expression différentielle

$$\Theta_d^n = X_1\,dx_1 + \ldots + X_n\,dx_n$$

soit

$$z_1\,dy_1 + \ldots + z_p\,dy_p.$$

Le premier système de Pfaff sera complètement intégrable si $2p < n$, et dans tous les cas admettra $2p - 1$ intégrales indépendantes. Il y aura donc toujours au moins $n - 2p + 1$ des variables x_i qui ne seront pas des intégrales de ce système. Soient $x_{2p}, \ldots, x_n$, $n - 2p + 1$ variables jouissant de cette propriété. Considérons les $2p - 1$ intégrales du système de Pfaff qui se réduisent à $x_1, \ldots, x_{2p-1}$ quand on fait $x_{2p} = x_{2p}^0, \ldots, x_n = x_n^0$, et désignons par u_i celle qui se réduit à x_i. Si l'on choisit ces intégrales pour nouvelles variables, l'expression Θ_d^n prend la forme suivante

$$K(U_1\,du_1 + \ldots + U_{2p-1}\,du_{2p-1}),$$

où l'on déduit U_h de X_h en y remplaçant respectivement $x_1, \ldots, x_{2p-1}$ par $u_1, \ldots, u_{2p-1}$; $x_{2p}, \ldots, x_n$ par les constantes $x_{2p}^0, \ldots, x_n^0$.

Considérons maintenant le cas où la forme Θ_d^n est réductible au type

$$(23) \qquad dy - z_1\,dy_1 - z_2\,dy_2 - \ldots - z_p\,dy_p.$$

On sait qu'alors le système de Pfaff ne sera possible que si l'on y fait $\lambda = 0$, et que dans tous les cas il admettra $2p$ intégrales qui seront $z_1, \ldots, z_p, y_1, \ldots, y_p$. Nous pouvons ici raisonner comme précédemment. Parmi les n variables x_i, il y en aura au moins $n - 2p$ qui ne seront pas des intégrales. Soient

$$x_{2p+1}, \quad \ldots, \quad x_n$$

$n - 2p$ variables jouissant de cette propriété. Désignons par u_i

celle des intégrales qui se réduit à x_i quand on remplace $x_{2p+1}, \ldots, x_n$ par les constantes numériques $x^0_{2p+1}, \ldots, x^0_n$. Enfin effectuons un changement de variables qui substitue aux variables primitives les suivantes

$$u_1, \ldots, u_{2p}, \quad x_{2p+1}, \ldots, x_n.$$

On aura, pour la nouvelle forme de l'expression différentielle,

$$(24) \qquad dH + U_1 \, du_1 + \ldots + U_{2p} \, du_{2p}.$$

En effet, dans la forme canonique (23), les variables z_i, y_k, qui sont les intégrales du système de Pfaff, peuvent être regardées comme des fonctions de $u_1, \ldots, u_{2p}$. Si donc on les supposait exprimées en fonction de $u_1, \ldots, u_{2p}$, on obtiendrait bien un résultat de la forme précédente.

Dans l'expression (24), la fonction H n'est pas définie et il est clair que cette expression ne changerait pas si on remplaçait H par

$$H - \varphi(u_1, \ldots, u_{2p}),$$

à la condition d'ajouter $\dfrac{\partial \varphi}{\partial u_i}$ à U_i. Si H se réduit à $\psi(x_1, \ldots, x_{2p})$ pour $x_{2p+1} = x^0_{2p+1}, \ldots, x_n = x^0_n$, nous conviendrons d'en retrancher

$$\psi(u_1, \ldots, u_{2p});$$

alors la nouvelle valeur de H se réduira à zéro pour $x_{2p+1} = x^0_{2p+1}, \ldots, x_n = x^0_n$.

Écrivons maintenant l'identité

$$X_1 \, dx_1 + \ldots + X_n \, dx_n = dH + U_1 \, du_1 + \ldots + U_{2p} \, du_{2p},$$

et faisons-y $x_{2p+1} = x^0_{2p+1}, \ldots, x_n = x^0_n$. Soit encore X^0_i ce que devient X_i par cette substitution. Comme u_i devient alors égal à x_i et H égal à zéro, on aura

$$X^0_1 \, dx_1 + \ldots + X^0_{2p} \, dx_{2p} = U_1 \, dx_1 + \ldots + U_{2p} \, dx_{2p},$$

et par conséquent

$$U_k = X^0_k.$$

Nous pouvons donc énoncer la nouvelle proposition qui suit :

Supposons que la forme canonique d'une expression diffé-

rentielle

$$\Theta_d^n = X_1\, dx_1 + \ldots + X_n\, dx_n$$

soit

$$dy - z_1\, dy_1 - \ldots - z_p\, dy_p.$$

Le premier système de Pfaff ne sera possible que si l'on y fait $\lambda = 0$ et il admettra $2p$ intégrales. Soient $x_{2p+1}, \ldots, x_n$ un système de variables qui ne fassent pas partie de ces intégrales, et désignons par u_i l'intégrale du système de Pfaff qui se réduit à x_i pour $x_{2p+1} = x^0_{2p+1}, \ldots, x_n = x^0_n$. L'expression Θ_d^n pourra être ramenée à la forme

$$d\mathrm{H} + \mathrm{U}_1\, du_1 + \ldots + \mathrm{U}_{2p}\, du_{2p},$$

où l'on déduit U_k de X_k en y remplaçant $x_1, \ldots, x_{2p}$ respectivement par $u_1, \ldots, u_{2p}$; $x_{2p+1}, \ldots, x_n$ par les constantes $x^0_{2p+1}, \ldots, x^0_n$. H est une fonction qui se réduit à zéro pour $x_{2p+1} = x^0_{2p+1}, \ldots, x_n = x^0_n$.

Il est bon de remarquer que H se déterminera sans difficulté par une quadrature, quand $u_1, \ldots, u_{2p}$ seront connus. Car on a

$$d\mathrm{H} = \Theta_d^n - \mathrm{U}_1\, du_1 - \ldots - \mathrm{U}_{2p}\, du_{2p},$$

et tout sera connu dans le second membre.

Les deux théorèmes qui précèdent conduisent à plusieurs conséquences. On voit tout de suite que les divers systèmes d'équations différentielles auxquels conduit successivement l'application de la méthode acquièrent en quelque sorte une existence indépendante. On peut écrire chacun d'eux avant d'avoir intégré le précédent. M. Mayer avait déjà fait des remarques analogues relativement aux systèmes complètement intégrables. On voit, de plus, qu'à partir du second système, on n'a plus d'indétermination et l'on ne rencontre plus que des formes appartenant aux deux types généraux.

On peut faire une application importante des résultats qui précèdent à la forme particulière que l'on rencontre dans la théorie des équations aux dérivées partielles.

Soit

$$(25) \qquad p_1 = f(z, x_1, \ldots, x_n, p_2, \ldots, p_n)$$

une équation aux dérivées partielles, où p_i désigne $\dfrac{\partial z}{\partial x_i}$. Il est clair que l'intégration de cette équation est équivalente au problème suivant : *Annuler la forme*

$$\Theta_d = dz - f\,dx_1 - p_2\,dx_2 - \ldots - p_n\,dx_n$$

à $2n$ variables $z, x_1, \ldots, x_n, p_2, \ldots, p_n$, en établissant n relations entre ces variables; et l'on sait que la solution de ce problème n'offre aucune difficulté dès que Θ_d est ramené à la forme canonique. Or, *je dis que pour ramener Θ_d à la forme canonique, il suffira d'intégrer le premier système de Pfaff relatif à cette forme.*

Écrivons, en effet, ce système

$$\delta\Theta_d - d\Theta_\delta = \lambda\,\Theta_\delta\,dt,$$

ou bien

$$df\,\delta x_1 - \delta f\,dx_1 + dp_2\,\delta x_2 - \delta p_2\,dx_2 + \ldots + dp_n\,\delta x_n - dx_n\,\delta p_n$$
$$= \lambda\,dt(\delta z - f\,\delta x_1 - \ldots - p_n\,\delta x_n),$$

ce qui donne les équations

$$df - \frac{\partial f}{\partial x_1}\,dx_1 \qquad\quad = -\lambda f\,dt$$

$$-\frac{\partial f}{\partial x_2}\,dx_1 + dp_2 = -\lambda p_2\,dt,$$

$$\ldots\ldots\ldots\ldots\ldots\ldots\ldots\ldots\ldots,$$

$$-\frac{\partial f}{\partial x_n}\,dx_1 + dp_n = -\lambda p_n\,dt,$$

$$-\frac{\partial f}{\partial z}\,dx_1 \qquad\quad = \lambda\,dt,$$

$$-\frac{\partial f}{\partial p_2}\,dx_1 - dx_2 = 0,$$

$$\ldots\ldots\ldots\ldots\ldots\ldots\ldots,$$

$$-\frac{\partial f}{\partial p_n}\,dx_1 - dx_n = 0,$$

que l'on met aisément sous la forme suivante

$$(26)\quad\left\{\begin{array}{l} \dfrac{dx_1}{-1} = \dfrac{dx_2}{\dfrac{\partial f}{\partial p_2}} = \ldots = \dfrac{dx_n}{\dfrac{\partial f}{\partial p_n}} = \dfrac{-dp_2}{\dfrac{\partial f}{\partial x_2} + p_2\dfrac{\partial f}{\partial z}} = \ldots = \dfrac{-dp_n}{\dfrac{\partial f}{\partial x_n} + p_n\dfrac{\partial f}{\partial z}}, \\[4mm] dz = p_1\,dx_1 + \ldots + p_n\,dx_n. \end{array}\right.$$

On reconnaît les équations différentielles de la caractéristique.

Nous voyons ici que x_1 n'est jamais une intégrale. Désignons par $[z]$, $[p_k]$, $[x_i]$ les intégrales de ce système qui se réduisent respectivement à z, p_k, x_i pour $x_1 = x_1^0$, x_1^0 étant une constante quelconque. *Il n'y aura aucune difficulté à déterminer ces intégrales dès que le système* (26) *sera complètement intégré.* Si nous appliquons maintenant le premier des deux théorèmes que nous avons démontrés, nous voyons que l'on aura

$$(27) \quad \left\{ \begin{array}{l} dz - f\, dx_1 - p_2\, dx_2 - \ldots - p_n\, dx_n \\ \quad = \mathrm{L}\, \big\{ d[z] - [p_2]\, d[x_2] - [p_3]\, d[x_3] - \ldots - [p_n]\, d[x_n] \big\}, \end{array} \right.$$

L dépendant de x_1. Nous obtenons ainsi du premier coup la forme réduite qui devait être le terme de nos calculs. L'équation précédente se rencontre dans la méthode de Cauchy et elle y joue un rôle fondamental. Il est inutile de revenir sur des propositions bien connues et de montrer comment elle conduit à l'intégration de l'équation aux dérivées partielles proposée. Il nous suffira d'avoir établi que la méthode de Pfaff, au moyen d'un facile complément, devient aussi parfaite que les autres. Mais il est juste aussi d'ajouter que cette classification des intégrales, qui nous a permis d'arriver au but, constitue un progrès bien essentiel, qui est encore dû à Cauchy.

DEUXIÈME PARTIE.

VIII.

La proposition relative aux propriétés d'invariance du système (10), qui nous a été si utile dans la première Partie de ce travail, est susceptible d'une généralisation que nous allons maintenant exposer.

Considérons, en même temps que la forme

$$\Theta_d = \mathrm{X}_1\, dx_1 + \ldots + \mathrm{X}_n\, dx_n,$$

d'autres formes Θ_d^1, Θ_d^2, ..., Θ_d^{2p}, définies par les équations

$$\Theta_d^k = \mathrm{X}_1^k\, dx_1 + \ldots + \mathrm{X}_n^k\, dx_n.$$

Assujettissons les variables x_i et des variables t_i à satisfaire aux équations différentielles

$$(1) \quad \begin{cases} a_{11}dx_1 + \ldots + a_{n1}dx_n = \mathrm{X}_1^1 dt_1 + \mathrm{X}_1^2 dt_2 + \ldots + \mathrm{X}_1^p dt_p, \\ \ldots\ldots\ldots\ldots\ldots\ldots\ldots\ldots\ldots\ldots\ldots\ldots\ldots\ldots\ldots\ldots\ldots \\ a_{1n}dx_1 + \ldots + a_{nn}dx_n = \mathrm{X}_n^1 dt_1 + \ldots\ldots\ldots\ldots + \mathrm{X}_n^p dt_p, \end{cases}$$

$$(1) \quad \begin{cases} \mathrm{X}_1^{p+1} dx_1 + \ldots + \mathrm{X}_n^{p+1} dx_n = 0, \\ \ldots\ldots\ldots\ldots\ldots\ldots\ldots\ldots\ldots\ldots\ldots \\ \mathrm{X}_1^{2p-1} dx_1 + \ldots + \mathrm{X}_n^{2p-1} dx_n = 0, \end{cases}$$

qui sont au nombre de $n + p - 1$, et qui, par conséquent, forment un système déterminé. On peut écrire ces équations sous la forme abrégée

$$(2) \quad \begin{cases} \delta\Theta_d - d\Theta_\delta = \Theta_\delta^1 dt_1 + \ldots + \Theta_\delta^p dt_p, \\ \Theta_d^{p+1} = 0, \quad \ldots, \quad \Theta_{d=0}^{2p-1} = 0, \end{cases}$$

en supposant que la première ait lieu pour toutes les valeurs attribuées aux différentielles auxiliaires δ.

Le système (1) étant écrit sous la forme (2), on reconnaît immédiatement qu'il exprime des propriétés indépendantes de tout choix de variables, et, par conséquent, il aura les propriétés d'invariance du système (10) de notre première Partie.

Si l'on remplace les variables x_i par n variables y_i, et que la forme Θ_d^h devienne

$$\Theta_d^h = \mathrm{Y}_1^h dy_1 + \ldots + \mathrm{Y}_n^h dy_n,$$

le système (1) prendra la forme

$$(3) \quad \begin{cases} b_{11}dy_1 + \ldots + b_{n1}dy_n = \mathrm{Y}_1^1 dt_1 + \ldots + \mathrm{Y}_1^p dt_p, \\ \ldots\ldots\ldots\ldots\ldots\ldots\ldots\ldots\ldots\ldots\ldots\ldots\ldots\ldots\ldots, \\ b_{1n}dy_1 + \ldots + b_{nn}dy_n = \mathrm{Y}_n^1 dt_1 + \ldots + \mathrm{Y}_n^p dt_p, \\ \mathrm{Y}_1^{p+1} dy_1 + \ldots + \mathrm{Y}_n^{p+1} dy_n = 0, \\ \ldots\ldots\ldots\ldots\ldots\ldots\ldots\ldots\ldots\ldots\ldots, \\ \mathrm{Y}_1^{2p-1} dy_1 + \ldots + \mathrm{Y}_n^{2p-1} dy_n = 0, \end{cases}$$

les quantités b_{ik} ayant la signification déjà donnée.

Si l'on considère maintenant une nouvelle forme Θ_d^{2p}, le quotient

$$(4) \quad \frac{\Theta_d^{2p}}{dt_q} = \mathrm{X}_1^{2p} \frac{dx_1}{dt_q} + \ldots + \mathrm{X}_n^{2p} \frac{dx_n}{dt_q},$$

q désignant l'une quelconque des variables $t_1, \ldots, t_n$, se transformera dans l'expression

$$Y_1^{2p} \frac{dy_1}{dt_q} + \ldots + Y_n^{2p} \frac{dy_n}{dt_q},$$

et il se formera de la même manière, soit au moyen des anciennes variables et du système (1), soit au moyen des nouvelles et du système (3). En d'autres termes, ce quotient sera un invariant absolu pour tout changement de variables. Il n'y a, d'ailleurs, aucune difficulté à le calculer; il suffit d'éliminer entre les équations (3) et (4) les différentielles dx_i, dt_α, et l'on obtient le résultat suivant : ·

Posons, pour abréger,

$$(5) \quad \begin{cases} \Theta_d^1 & \Theta_d^2 & \ldots & \Theta_d^p \\ \Theta_d^{q+1} & \Theta_d^{q+2} & \ldots & \Theta_d^{q+p} \end{cases} = \begin{vmatrix} a_{11} & \ldots & a_{n1} & X_1^1 & \ldots & X_1^p \\ \ldots & \ldots & \ldots & \ldots & \ldots & \ldots \\ a_{1n} & \ldots & a_{nn} & X_n^1 & \ldots & X_n^p \\ X_1^{q+1} & \ldots & X_n^{q+1} & 0 & \ldots & 0 \\ \ldots & \ldots & \ldots & \ldots & \ldots & \ldots \\ X_1^{q+p} & \ldots & X_n^{q+p} & 0 & \ldots & 0 \end{vmatrix}.$$

On trouvera, par exemple,

$$(6) \quad \frac{\Theta_d^{2p}}{dt_p} = - \frac{\begin{cases} \Theta_d^1 & \ldots & \Theta_d^p \\ \Theta_d^{p+1} & \ldots & \Theta_d^{2p} \end{cases}}{\begin{cases} \Theta_d^1 & \ldots & \Theta_d^{p-1} \\ \Theta_d^{p+1} & \ldots & \Theta_d^{2p-1} \end{cases}}.$$

Remarquons que, si l'on avait $p = 1$, le dénominateur devrait être remplacé par

$$\Delta = \Sigma \pm a_{11} \ldots a_{nn}.$$

D'après cela, si l'on considère $2n$ formes et que l'on désigne, pour un moment, par A_k le déterminant

$$\begin{cases} \Theta_d^1 & \ldots & \Theta_d^k \\ \Theta_d^{n+1} & \ldots & \Theta_d^{n+k} \end{cases},$$

les quotients

$$\frac{A_n}{A_{n-1}}, \quad \frac{A_{n-1}}{A_{n-2}}, \quad \ldots, \quad \frac{A_1}{\Delta}$$

sont des invariants absolus. Mais on a

$$(-1)^n A_n = \begin{vmatrix} X_1^1 & \dots & X_1^n \\ \dots\dots\dots\dots \\ X_n^1 & \dots & X_n^n \end{vmatrix} \times \begin{vmatrix} X_1^{n+1} & \dots & X_n^{n+1} \\ \dots\dots\dots\dots \\ X_1^{2n} & \dots & X_n^{2n} \end{vmatrix} ;$$

et il est aisé de voir que, si l'on remplace les variables x_i par d'autres variables y_i, chacun des déterminants qui figurent dans le second membre de cette équation se reproduit multiplié par le déterminant fonctionnel

$$\frac{\partial(x_1\dots x_n)}{\partial(y_1\dots y_n)}$$

ou déterminant de la substitution. Donc A_n et, par conséquent, A_{n-1}, ..., A_1, Δ se reproduisent multipliés par le carré de ce déterminant.

Par suite, toutes les fonctions

$$\left(\begin{matrix} \Theta_d^1 & \Theta_d^2 & \dots & \Theta_d^q \\ \Theta_d^{p+1} & \Theta_d^{p+2} & \dots & \Theta_d^{p+q} \end{matrix}\right)$$

sont des invariants relatifs *que l'on transformera en invariants absolus en les divisant par l'une d'elles, par exemple par Δ.*

Je ne m'arrêterai pas à montrer comment on peut exprimer toutes ces fonctions au moyen des plus simples d'entre elles $\left(\begin{matrix}\Theta_d^i \\ \Theta_d^k\end{matrix}\right)$, et je me contenterai, pour cet objet, de renvoyer à mon Mémoire *Sur la théorie algébrique des formes quadratiques, où se trouve résolue une question analogue.* Mais il y a une propriété que j'établirai en terminant cet article : *Toutes les fois que ces invariants contiendront sur leurs deux lignes la forme Θ_d elle-même, qu'ils auront, par conséquent, pour expression*

$$A = \left(\begin{matrix} \Theta_d & \Theta_d^1 & \dots & \Theta_d^h \\ \Theta_d & \Theta_d^{h+1} & \dots & \Theta_d^{2h} \end{matrix}\right),$$

ils jouiront de la propriété de se reproduire multipliés par une puissance de ρ, quand on remplacera la forme Θ_d par $\rho\Theta_d$, ρ étant, d'ailleurs, une fonction quelconque des variables indépendantes.

En effet, considérons l'expression de A sous forme de déterminant

$$A = \begin{vmatrix} a_{11} & \dots & a_{n1} & X_1 & X_1^1 & \dots & X_1^h \\ \dots & \dots & \dots & \dots & \dots & \dots & \dots \\ a_{1n} & \dots & a_{nn} & X_n & X_n^1 & \dots & X_n^h \\ X_1 & \dots & X_n & 0 & 0 & \dots & 0 \\ X_1^{h+1} & \dots & X_n^{h+1} & 0 & 0 & \dots & 0 \\ \dots & \dots & \dots & \dots & \dots & \dots & \dots \\ X_1^{2h} & \dots & X_n^{2h} & 0 & 0 & \dots & 0 \end{vmatrix}.$$

Si l'on multiplie Θ_d par ρ, il faudra, dans le déterminant précédent, remplacer X_i par ρX_i, a_{ik} par $\rho a_{ik} + X_i \dfrac{\partial\rho}{\partial x_k} - X_k \dfrac{\partial\rho}{\partial x_i}$. Après avoir effectué cette substitution, ajoutons à la $k^{\text{ième}}$ ligne la $n+1^{\text{ième}}$ multipliée par $-\dfrac{1}{\rho}\dfrac{\partial\rho}{\partial x_k}$, et à la $i^{\text{ième}}$ colonne la $n+1^{\text{ième}}$ multipliée par $\dfrac{1}{\rho}\dfrac{\partial\rho}{\partial x_i}$. Nous obtiendrons alors l'ancienne expression de A, où tout élément compris dans le carré formé par les $n+1$ premières lignes et colonnes aura été multiplié par ρ. Le déterminant A se reproduira donc multiplié par ρ^{n+1-h}.

IX.

Nous allons appliquer les propositions précédentes, mais en considérant seulement les formes les plus générales. Nous avons vu, d'ailleurs, à l'article VII, que tous les cas peuvent se ramener presque immédiatement à ceux que nous avons l'intention d'étudier.

Supposons d'abord n pair et égal à $2m$. La forme réduite peut alors s'écrire

$$\Theta_d = p_1 dx_1 + \dots + p_m dx_m;$$

je considérerai seulement les deux invariants suivants.

Le premier s'obtient avec la forme fondamentale et la différentielle d'une fonction quelconque φ; son expression générale est

$$(7) \qquad \begin{Bmatrix} \Theta_d \\ d\varphi \end{Bmatrix} = \begin{vmatrix} a_{11} & a_{21} & \dots & a_{n1} & X_1 \\ a_{12} & \dots & \dots & a_{n2} & X_2 \\ \dots & \dots & \dots & \dots & \dots \\ a_{1n} & a_{2n} & \dots & a_{nn} & X_n \\ \dfrac{\partial\varphi}{\partial x_1} & \dfrac{\partial\varphi}{\partial x_2} & \dots & \dfrac{\partial\varphi}{\partial x_n} & 0 \end{vmatrix}.$$

Nous emploierons avec Clebsch le symbole (φ) pour désigner le quotient

$$(8) \qquad (\varphi) = \frac{1}{\Delta} \left\{ \begin{array}{c} \Theta_d \\ d\varphi \end{array} \right\},$$

qui sera un invariant absolu.

Le second invariant que nous considérerons sera le suivant

$$\left\{ \begin{array}{c} d\varphi \\ d\psi \end{array} \right\} = \left| \begin{array}{cccc} a_{11} & \ldots & a_{n1} & \dfrac{\partial \varphi}{\partial x_1} \\ \ldots & \ldots & \ldots & \ldots \\ a_{1n} & \ldots & a_{nn} & \dfrac{\partial \varphi}{\partial x_n} \\ \dfrac{\partial \psi}{\partial x_1} & \ldots & \dfrac{\partial \psi}{\partial x_n} & 0 \end{array} \right|,$$

et nous poserons

$$(9) \qquad (\varphi\psi) = \frac{-1}{\Delta} \left\{ \begin{array}{c} d\varphi \\ d\psi \end{array} \right\},$$

en sorte que $(\varphi\psi)$ sera encore un invariant absolu.

Si l'on calcule les deux symboles (φ), $(\varphi\psi)$ avec les variables de la forme réduite, on obtient sans difficulté, par quelques combinaisons de lignes ou de colonnes,

$$(10) \quad \left\{ \begin{array}{l} (\varphi) = p_1 \dfrac{\partial \varphi}{\partial p_1} + \ldots + p_m \dfrac{\partial \varphi}{\partial p_m}, \\[2ex] (\varphi\psi) = \dfrac{\partial \varphi}{\partial p_1} \dfrac{\partial \psi}{\partial x_1} - \dfrac{\partial \varphi}{\partial x_1} \dfrac{\partial \psi}{\partial p_1} + \ldots + \dfrac{\partial \varphi}{\partial p_m} \dfrac{\partial \psi}{\partial x_m} - \dfrac{\partial \varphi}{\partial x_m} \dfrac{\partial \psi}{\partial p_m}. \end{array} \right.$$

Les deux symboles que nous venons de définir sont des cas particuliers du suivant qui joue un rôle fondamental dans la théorie des équations aux dérivées partielles, qui s'applique à des fonctions de $2m+1$ variables z, x_i, p_k, et qui est défini par l'équation

$$(11) \quad [\varphi\psi] = \frac{\partial \varphi}{\partial p_1} \left(\frac{\partial \psi}{\partial x_1} + p_1 \frac{\partial \psi}{\partial z} \right) - \frac{\partial \psi}{\partial p_1} \left(\frac{\partial \varphi}{\partial x_1} + p_1 \frac{\partial \varphi}{\partial z} \right) + \ldots$$

Ici nos fonctions ne dépendent pas de z. On a donc

$$(\varphi\psi) = [\varphi\psi].$$

Mais il est clair que l'on a aussi

$$(12) \qquad (\varphi) = [\varphi z].$$

En vertu de cette remarque, les relations établies entre les symboles (φ), $(\varphi\psi)$ par Clebsch peuvent toutes se déduire d'une équation générale donnée par M. Mayer (*Mathematische Annalen*, t. IX, p. 370). M. Mayer a montré que, si l'on considère trois fonctions φ, ψ, χ des $2m+1$ variables z, x_i, p_k, on a

$$(13) \quad \begin{cases} \big[\varphi[\psi\chi]\big] + \big[\psi[\chi\varphi]\big] + \big[\chi[\varphi\psi]\big] \\ \qquad = \dfrac{\partial\varphi}{\partial z}[\psi\chi] + \dfrac{\partial\psi}{\partial z}[\chi\varphi] + \dfrac{\partial\chi}{\partial z}[\varphi\psi]. \end{cases}$$

Si l'on applique cette relation à trois fonctions ne contenant pas z, on en déduit la relation de Jacobi

$$(14) \quad \big(\varphi(\psi\chi)\big) + \big(\psi(\chi\varphi)\big) + \big(\chi(\varphi\psi)\big) = 0,$$

entre les symboles $(\varphi\psi)$.

Si l'on pose $\chi = z$, et si l'on suppose les fonctions φ, ψ indépendantes de z, on trouve de même

$$(15) \quad \big(\varphi(\psi)\big) - \big(\psi(\varphi)\big) = (\varphi\psi) + \big((\varphi\psi)\big).$$

Telles sont les deux relations qui servent de base à la méthode d'intégration de Clebsch.

X.

Je vais faire une application des résultats qui précèdent à l'étude des relations entre deux réduites différentes d'une même forme.

Considérons une expression différentielle Θ_d et soit .

$$p_1 dx_1 + \ldots + p_m dx_m$$

une première forme réduite ; je dis d'abord que, toutes les fois que l'on pourra trouver m fonctions $X_1, \ldots, X_m$, donnant naissance à une identité de la forme

$$(16) \quad p_1 dx_1 + \ldots + p_m dx_m = P_1 dX_1 + \ldots + P_m dX_m,$$

le second membre de cette égalité sera une forme réduite nouvelle. Pour cela, il suffira de démontrer que les fonctions X_i, P_k sont indépendantes, et cela est à peu près évident ; car s'il y avait une ou plusieurs relations entre les variables X_i, P_k, on pourrait, au moyen de ces relations, exprimer quelques-unes de ces fonctions au moyen des autres, et par conséquent ramener

$$\Theta_d = P_1 dX_1 + \ldots + P_m dX_m,$$

à une forme normale contenant moins de $2m$ fonctions. On sait que cela est impossible et l'on peut conclure que, si m fonctions X_i satisfont à l'équation (16), le second membre de cette équation sera certainement une nouvelle forme réduite de Θ_d. En d'autres termes, les fonctions X_i, P_k seront indépendantes.

Cela posé, les deux symboles (φ), $(\varphi\psi)$, étant des invariants absolus, conserveront la même valeur quand on les formera en considérant φ, ψ, soit comme des fonctions de X_i, P_k, soit comme des fonctions de x_i, p_k.

On aura donc

$$(17) \quad \begin{cases} \displaystyle\sum p_i \frac{\partial \varphi}{\partial p_i} = \sum P_i \frac{\partial \varphi}{\partial P_i}, \\ \displaystyle\sum \frac{\partial \varphi}{\partial p_i} \frac{\partial \psi}{\partial x_i} - \frac{\partial \psi}{\partial p_i} \frac{\partial \varphi}{\partial x_i} = \sum \frac{\partial \varphi}{\partial P_i} \frac{\partial \psi}{\partial X_i} - \frac{\partial \varphi}{\partial X_i} \frac{\partial \psi}{\partial P_i}. \end{cases}$$

Appliquant ces équations générales aux fonctions X_i, P_k elles-mêmes, nous obtenons sans difficulté les équations suivantes

$$(18) \quad \begin{cases} (P_i) = P_i, \quad (X_i) = 0, \\ (P_i X_i) = 1, \quad (P_i X_k) = 0, \quad (X_i X_k) = 0, \quad (P_i P_k) = 0. \end{cases}$$

Nous pouvons donc énoncer la proposition suivante :

Si m fonctions X_i des $2m$ variables x_i, p_k satisfont à une identité différentielle de la forme

$$P_1 dX_1 + \ldots + P_m dX_m = p_1 dx_1 + \ldots + p_m dx_m,$$

les $2m$ fonctions $X_i P_k$ sont indépendantes et elles satisfont aux relations

$$(P_i) = P_i, \quad (X_i) = 0,$$
$$(P_i X_i) = 1, \quad (P_i X_k) = 0, \quad (X_i X_k) = 0, \quad (P_i P_k) = 0.$$

Les deux premières équations expriment que P_i est une fonction homogène de degré 1 et X_i une fonction homogène de degré 0 des variables p_k. C'est ce que mettent en évidence les équations *finies* données par Clebsch, qui permettent de passer d'une forme normale à toute autre. Je ne reviens pas sur ce point, qui est bien connu.

Je vais maintenant établir une proposition fondamentale et dont M. Lie a fait le plus heureux usage dans sa théorie des groupes : *Si l'on a k fonctions indépendantes* $X_1, X_2, \ldots, X_k$ *satisfaisant aux équations*

$$(X_i) = 0, \quad (X_i X_h) = 0,$$

il sera possible de trouver une forme normale dont feront partie les k fonctions

$$P_1 dX_1 + \ldots + P_k dX_k + P_{k+1} dX_{k+1} + P_m dX_m$$
$$= p_1 dx_1 + \ldots + p_m dx_m.$$

Je commencerai par démontrer cette proposition dans le cas où l'on a une seule fonction X_1. Alors, je détermine une fonction P_1 par les deux équations

$$(19) \qquad\qquad (P_1) = P_1, \quad (P_1 X_1) = 1.$$

Il est aisé de voir que ces équations ne sont pas incompatibles.

La première nous montre que l'on aura

$$P_1 = p_1 \varphi \left(x_1, \ldots, x_m, \frac{p_2}{p_1}, \ldots, \frac{p_m}{p_1} \right),$$

et, si nous nous rappelons qu'en vertu de l'équation

$$(X_1) = 0,$$

à laquelle satisfait X_1, cette fonction est homogène de degré zéro par rapport aux variables p_i, nous reconnaîtrons sans difficulté que l'équation

$$(P_1 X_1) = 1$$

se réduit à une relation entre les dérivées de φ et les variables $x_i, \dfrac{p_i}{p_1}$ dont elle dépend. Ainsi, il est toujours possible, et d'une infinité de manières, de déterminer une fonction P_1 satisfaisant aux deux équations (19). Il suffira de prendre une intégrale d'une équation linéaire à $2m - 1$ variables indépendantes.

Supposons donc P_1 déterminé. Considérant la forme

$$U_d = p_1 dx_1 + \ldots + p_m dx_m - P_1 dX_1,$$

nous allons faire voir qu'elle appartient au type

$$(20) \qquad P_2 dX_2 + \ldots + P_m dX_m,$$

ce qui démontrera la proposition que nous avons en vue.

Pour cela, j'écris le système des équations différentielles de Pfaff, relatif à cette forme U_d. On a

$$\delta U_d - d U_\delta = \delta p_1 dx_1 - dp_1 \delta x_1 + \ldots + dP_1 \delta X_1 - dX_1 \delta P_1,$$

ce qui permet de former les équations différentielles cherchées sous la forme suivante

$$(21) \quad \begin{cases} dx_i - \dfrac{\partial P_1}{\partial p_i} dX_1 + \dfrac{\partial X_1}{\partial p_i} dP_1 = - P_1 \dfrac{\partial X_1}{\partial p_i} \lambda dt, \\[2ex] dp_i - \dfrac{\partial P_1}{\partial x_i} dX_1 + \dfrac{\partial X_1}{\partial x_i} dP_1 = \lambda dt \left(p_i - P_1 \dfrac{\partial X_1}{\partial x_i} \right). \end{cases}$$

Je vais démontrer que ces $2m$ équations peuvent être vérifiées sans que l'on fasse $\lambda = 0$ et que deux d'entre elles sont la conséquence des autres. Introduisons les inconnues auxiliaires dX_1, dP_1 en fonction desquelles les différentielles dx_i, dp_i se déterminent; et essayons de déterminer dX_1, dP_1 en portant les valeurs de dx_i, dp_k dans les expressions développées de dX_1, dP_1,

$$dX_1 = \sum \frac{\partial X_1}{\partial x_i} dx_i + \sum \frac{\partial X_1}{\partial p_i} dp_i,$$

$$dP_1 = \sum \frac{\partial P_1}{\partial x_i} dx_i + \sum \frac{\partial P_1}{\partial p_i} dp_i;$$

nous obtiendrons ainsi les deux équations

$$[(P_1 X_1) - 1](dP_1 + \lambda P_1 dt) = \lambda dt[(P_1) - P_1],$$
$$[(P_1 X_1) - 1]dX_1 = \lambda dt(X_1),$$

qui sont identiquement vérifiées. Donc les équations (21) peuvent être vérifiées sans qu'on fasse $\lambda = 0$; elles admettent une indétermination du second degré, et par suite la forme U_d appartient au type (20), comme il fallait l'établir.

Il nous reste à démontrer d'une manière générale que, si l'on a k fonctions indépendantes $X_1, \ldots, X_k$, satisfaisant aux équations

$$(X_h) = 0, \quad (X_h X_{h'}) = 0,$$

il sera possible de trouver une forme normale dont elles fassent partie. Puisque nous avons démontré le théorème pour une fonction, il suffit de prouver que, s'il est vrai pour $k - 1$ fonctions $X_1, \ldots, X_{k-1}$, il sera vrai pour une fonction de plus, V, sous la condition que cette fonction V satisfasse aux équations

$$(22) \qquad (V) = 0, \quad (V X_i) = 0,$$

et ne soit liée aux premières par aucune relation, indépendante des variables.

Soit

$$P_1 dX_1 + \ldots + P_{k-1} dX_{k-1} + P_k dX_k + \ldots + P_n dX_n$$

une des formes normales dont font partie les $k - 1$ fonctions $X_1, \ldots, X_{k-1}$. Si l'on exprime V au moyen des variables X_i, P_k, les équations (22) deviendront, en vertu des propriétés d'invariance des symboles (φ), $(\varphi\psi)$,

$$(23) \quad P_k \frac{\partial V}{\partial P_k} + \ldots + P_n \frac{\partial V}{\partial P_n} = 0, \quad \frac{\partial V}{\partial P_1} = 0, \quad \ldots, \quad \frac{\partial V}{\partial P_{k-1}} = 0.$$

La fonction V est donc indépendante de $P_1, \ldots, P_{k-1}$, mais elle ne l'est pas nécessairement de $X_1, \ldots, X_{k-1}$. Faisons pour un instant ces dernières variables constantes. Comme, par hypothèse, la fonction V n'en dépend pas uniquement, elle demeure variable; et comme elle satisfait à la première des équations (23), on voit, d'après la proposition démontrée en premier lieu, que l'on pourra ramener

$$P_k dX_k + \ldots + P_m dX_m$$

à une forme normale

$$P'_k dV + P'_{k+1} dX'_{k+1} + \ldots + P'_m dX'_m,$$

qui contiendra V. Mais on a regardé $X_1, \ldots, X_{k-1}$ comme con-

D.

stantes; si on les rend variables, l'expression précédente s'augmentera de termes en $dX_1, \ldots, dX_{k-1}$ et l'on aura, par conséquent,

$$P_k dX_k + \ldots + P_m dX_m = P'_k dV$$
$$+ P'_{k+1} dX'_{k+1} + \ldots + P'_m dX'_m + A_1 dX_1 + A_2 dX_2 + \ldots + A_{k-1} dX_{k-1}.$$

Ainsi la forme normale primitive

$$P_1 dX_1 + \ldots + P_{k-1} dX_{k-1} + P_k dX_k + \ldots + P_m dX_m$$

se changera dans la suivante

$$(P_1 + A_1)dX_1 + \ldots + (P_{k-1} + A_{k-1})dX_{k-1}$$
$$+ P'_k dV + P'_{k+1} dX'_{k+1} + \ldots + P'_m dX'_m,$$

qui contient bien les k fonctions

$$X_1, \ldots, X_{k-1}, V;$$

le théorème est donc démontré généralement.

En résumé, nous pouvons énoncer la proposition suivante :

Toutes les fois que l'on aura des fonctions indépendantes $X_1, \ldots, X_r$ des variables x_i, p_k, homogènes et de degré zéro par rapport aux variables p_i, et satisfaisant en outre aux équations

$$(X_\alpha X_\beta) = 0,$$

il sera possible de leur adjoindre $2m - r$ autres fonctions donnant naissance à l'identité différentielle

$$p_1 dx_1 + \ldots + p_m dx_m = P_1 dX_1 + \ldots + P_m dX_m.$$

Le cas où $r = m$ n'est pas exclu. Les fonctions X_i, P_i seront toutes homogènes par rapport aux variables p_i, les premières du degré 0, les autres du degré 1. Elles auront une forme quelconque par rapport aux variables X_i.

Ce théorème important donne naissance, par un simple changement de notation, à une autre proposition fondamentale que nous allons exposer.

On peut donner une forme nouvelle à l'identité

$$(24) \qquad p_1 dx_1 + \ldots + p_m dx_m = P_1 dX_1 + \ldots + P_m dX_m.$$

Posons

$$p_i = p_m q_i, \quad x_m = -z, \atop P_i = P_m Q_i, \quad X_m = -Z,} \; p_m = \rho P_m.$$

Elle deviendra

$$dZ - Q_1 dX_1 - \ldots - Q_{m-1} dX_{m-1} = \rho(dz - q_1 dx_1 - \ldots - q_{m-1} dx_{m-1}).$$

Considérons une fonction φ des variables x_i, p_i, homogène et de degré μ par rapport aux variables p_i. Elle prendra la forme

$$\varphi = p_m^\mu f(q_1, \ldots, q_{m-1}, x_1, \ldots, x_{m-1}, z),$$

et l'on aura

$$\frac{\partial\varphi}{\partial p_1} = p_m^{\mu-1}\frac{\partial f}{\partial q_1}, \qquad \frac{\partial\varphi}{\partial x_1} = p_m^\mu\frac{\partial f}{\partial x_i}, \quad \frac{\partial\varphi}{\partial z} = p_m^\mu\frac{\partial f}{\partial z},$$
$$\ldots\ldots\ldots\ldots, \qquad \ldots\ldots\ldots\ldots,$$
$$\frac{\partial\varphi}{\partial p_{m-1}} = p_m^{\mu-1}\frac{\partial f}{\partial q_{m-1}}, \quad \frac{\partial\varphi}{\partial x_{m-1}} = p_m^\mu\frac{\partial f}{\partial x_{m-1}},$$
$$\frac{\partial\varphi}{\partial p_m} = p_m^{\mu-1}\left[\mu f - q_1\frac{\partial f}{\partial q_1} - \ldots - q_{m-1}\frac{\partial f}{\partial q_{m-1}}\right].$$

Si nous calculons de même les dérivées d'une autre fonction φ_1, de degré μ_1 par rapport aux variables p_i, et que l'on substitue toutes ces dérivées dans le symbole $(\varphi\varphi_1)$, on aura

$$(\varphi\varphi_1) = p_m^{\mu+\mu_1-1}[ff_1] - p_m^{\mu+\mu_1-1}\left[\mu f\frac{\partial f_1}{\partial z} - \mu_1 f_1\frac{\partial f}{\partial z}\right],$$

$[ff_1]$ désignant l'expression

$$\frac{\partial f}{\partial q_1}\left[\frac{\partial f_1}{\partial x_1} + q_1\frac{\partial f_1}{\partial z}\right] - \frac{\partial f_1}{\partial q_1}\left[\frac{\partial f}{\partial x_1} + q_1\frac{\partial f}{\partial z}\right] + \ldots$$

Supposons, par exemple, qu'il s'agisse de fonctions homogènes de degré zéro; on aura $\mu = \mu_1 = 0$,

$$(25) \qquad\qquad (\varphi\varphi_1) = \frac{[ff_1]}{p_m}.$$

Si maintenant on opère de même avec les variables Z, Q_i, X_k, et si l'on applique la seconde équation (17), on aura

$$\frac{[ff_1]_z}{p_m} = \frac{[ff_1]_Z}{P_m},$$

les lettres z, Z placées en indice indiquant le système de variables avec lequel on forme le crochet. Nous pouvons donc écrire

$$(26) \qquad [ff_1]_z = \rho [ff_1]_Z .$$

Si nous appliquons cette équation à toutes les fonctions Z, X_i, Q_k nous en conclurons

$$[X_i Z] = 0, \quad [X_i X_k] = 0, \quad [Q_i Q_k] = 0,$$
$$[Z Q_k] + \rho Q_k = 0, \quad [Q_i X_i] = \rho .$$

On a donc, en changeant les notations, la proposition suivante :

Considérons $2m + 1$ *fonctions* Z, X_i, P_k, *satisfaisant à l'identité différentielle*

$$(27) \quad dZ - P_1 dX_1 - \ldots - P_m dX_m = \rho (dz - p_1 dx_1 - \ldots - p_m dx_m);$$

ces fonctions sont nécessairement indépendantes. Elles satisfont en outre aux relations

$$(28) \quad \begin{cases} [ZX_i] = 0, \quad [X_i X_k] = 0, \\ [P_i X_i] = \rho, \quad [P_i X_k] = 0, \quad [P_i P_k] = 0, \\ [ZP_k] + \rho P_k = 0. \end{cases}$$

Réciproquement, toutes les fois que l'on aura k *fonctions indépendantes* Z, X_1, $\ldots$, X_{k-1}, *dont les crochets seront tous nuls, on pourra leur adjoindre d'autres fonctions telles que l'identité* (27) *soit satisfaite.*

Il est essentiel d'ajouter aux équations (28) les relations suivantes, que l'on obtient en appliquant la formule de M. Mayer à trois des fonctions Z, X_i, P_k

$$(29) \quad \begin{cases} [\rho Z] = \rho^2 - \rho \dfrac{\partial Z}{\partial z}, \\[2mm] [\rho X_i] = - \rho \dfrac{\partial X_i}{\partial z}, \\[2mm] [\rho P_i] = - \rho \dfrac{\partial P_i}{\partial z}. \end{cases}$$

Ces formules, qu'on pourrait démontrer directement, doivent être jointes aux équations (28), si l'on veut avoir l'équivalent des relations (18) relatives aux fonctions satisfaisant à l'identité (16).

Signalons encore un cas particulier de la proposition précédente : *On peut satisfaire à l'équation* (27) *en prenant arbitrairement* Z, *et alors* ρ *devra satisfaire uniquement à la première des équations* (29).

XI.

Supposons maintenant n impair et égal à $2m + 1$. Le déterminant $\Delta = \Sigma\, a_{11} \ldots a_{nn}$ sera nul ; mais, si nous nous bornons au cas général, tous ses mineurs du premier ordre ne seront pas nuls. Tant que l'invariant R, défini par la formule

$$(30) \qquad R^2 = \left\{ \begin{matrix} \Theta_d \\ -\Theta_d \end{matrix} \right\} = \begin{vmatrix} a_{11} & \ldots & a_{n1} & X_1 \\ a_{12} & \ldots & a_{n2} & X_2 \\ \ldots & \ldots & \ldots & \ldots \\ a_{n1} & \ldots & a_{nn'} & X_n \\ -X_1 & \ldots & -X_n & 0 \end{vmatrix}$$

ne sera pas nul, Θ_d appartiendra au type indéterminé, et sa forme réduite pourra s'écrire

$$dz - p_1 dx_1 - \ldots - p_m dx_m.$$

Nous considérons les deux invariants suivants.

Le symbole (φ) sera défini par la formule

$$(31) \qquad R^2(\varphi)^2 = \left\{ \begin{matrix} d\varphi \\ -d\varphi \end{matrix} \right\} = \begin{vmatrix} a_{11} & \ldots & a_{n1} & \dfrac{\partial\varphi}{\partial x_1} \\ \ldots & \ldots & \ldots & \ldots \\ a_{1n} & \ldots & a_{nn} & \dfrac{\partial\varphi}{\partial x_n} \\ -\dfrac{\partial\varphi}{\partial x_1} & \ldots & -\dfrac{\partial\varphi}{\partial x_n} & 0 \end{vmatrix}$$

et le symbole $[\varphi\psi]$ par la relation

$$(32) \qquad R^2[\varphi\psi] = \left\{ \begin{matrix} \Theta_d & d\varphi \\ \Theta_d & -d\psi \end{matrix} \right\}.$$

D'après les propriétés des déterminants symétriques gauches, tous ces invariants sont rationnels.

D.

3.

Si on les calcule sur la forme réduite, on trouvera

$$(33) \quad \begin{cases} R^2 = 1, \\[2mm] (\varphi)^2 = \left(\dfrac{\partial \varphi}{\partial z}\right)^2, \\[2mm] [\varphi\psi] = \dfrac{\partial \varphi}{\partial p_1}\left[\dfrac{\partial \psi}{\partial x_1} + p_1 \dfrac{\partial \psi}{\partial z}\right] - \dfrac{\partial \psi}{\partial p_1}\left[\dfrac{\partial \varphi}{\partial x_1} + p_1 \dfrac{\partial \varphi}{\partial z}\right] + \ldots \end{cases}$$

Nous prendrons

$$(\varphi) = \frac{\partial \varphi}{\partial z}.$$

Il suffira, quand on prendra les racines carrées dans la formule (31), de choisir le signe du second membre de telle manière que l'invariant absolu (φ) se réduise à $\dfrac{\partial \varphi}{\partial z}$, lorsqu'on le calculera sur la forme réduite.

L'invariant R appartient à la classe de ceux que nous avons considérés à la fin de l'article VIII, et il est aisé de reconnaître qu'il se reproduira multiplié par ρ^{n+1}, quand on multipliera la forme Θ_d par une fonction quelconque ρ. Donc $\rho\Theta_d$ appartiendra, quelle que soit ρ, au type le plus général. Considérons en particulier une forme normale de Θ_d. Nous aurons le théorème suivant :

Quelle que soit la fonction ρ des variables z, x_i, p_k, il est possible de trouver des fonctions Z, X_i, P_k satisfaisant à l'identité

$$dZ - P_1 dX_1 - \ldots - P_m dX_m = \rho(dz - p_1 dx_1 - \ldots - p_m dx_m)$$

déjà considérée.

Les expressions (33) permettent de développer une méthode d'intégration toute semblable à celle que Clebsch a employée dans le cas d'un nombre pair de variables. J'utiliserai seulement leurs propriétés d'invariance pour étudier encore ici les relations entre deux formes réduites différentes.

XII.

Je dis d'abord que, toutes les fois que l'on a

$$\Theta_d = dZ - P_1 dX_1 - \ldots - P_m dX_m,$$

les variables Z, X_i, P_k sont indépendantes. Cette proposition se démontre comme dans le cas précédent.

Considérons maintenant deux formes réduites différentes donnant naissance à l'identité

$$(34) \quad dz - p_1\, dx_1 - \ldots - p_m\, dx_m = dZ - P_1\, dX_1 - \ldots - P_m\, dX_m,$$

et remarquons que l'on aura, en appliquant les propriétés d'invariance des symboles (φ), $[\varphi\psi]$,

$$(35) \quad \begin{cases} \dfrac{\partial \varphi}{\partial z} = \dfrac{\partial \varphi}{\partial Z}, \\[2mm] [\varphi\psi]_z = [\varphi\psi]_Z. \end{cases}$$

La première équation appliquée à Z nous donne

$$\frac{\partial Z}{\partial z} = 1,$$

et par conséquent

$$Z = z + \Pi,$$

Π ne dépendant que des variables x_i, p_k. La même équation, appliquée aux fonctions X_i, P_k, nous montre qu'*elles sont indépendantes de z*. Si donc on remplace Z par sa valeur dans l'identité (34), elle devient

$$(36) \quad d\Pi = P_1\, dX_1 + \ldots + P_m\, dX_m - p_1\, dx_1 - \ldots - p_m\, dx_m,$$

et z est complètement éliminée.

Réciproquement, de toute égalité de la forme (36) on peut revenir à l'égalité (34) en remplaçant Π par $Z - z$. Ces deux égalités doivent donc être considérées comme absolument équivalentes.

Appliquons la seconde des formules (35) aux fonctions Z, X_i, P_k; nous aurons

$$(37) \quad \begin{cases} (X_i X_k) = 0, \quad (P_i P_k) = 0, \quad (X_i P_k) = 0, \quad (P_i X_i) = 1, \\[2mm] (\Pi X_i) = p_1 \dfrac{\partial X_i}{\partial p_1} + \ldots + p_m \dfrac{\partial X_i}{\partial p_m}, \\[2mm] (\Pi P_i) = p_1 \dfrac{\partial P_i}{\partial p_1} + \ldots + p_m \dfrac{\partial P_i}{\partial p_m} - P_i. \end{cases}$$

Nous sommes ainsi conduits à la proposition suivante :

Lorsque $2m + 1$ fonctions X_i, P_k, Π des variables x_i, p_k satis-

font à une équation de la forme

$$(38) \qquad d\Pi = P_1 \, dX_1 + \ldots + P_m \, dX_m - p_1 \, dx_1 - \ldots - p_m \, dx_m,$$

les fonctions X_i, P_k sont indépendantes, et, jointes à la fonction Π, elles satisfont aux relations (37).

Je vais maintenant terminer en démontrant que, si r fonctions indépendantes $X_1, \ldots, X_r$ des variables x_i, p_k satisfont aux équations

$$(X_\alpha X_\beta) = 0,$$

on peut leur adjoindre des fonctions qui permettent de satisfaire à l'équation (38), ou, ce qui est la même chose, nous l'avons démontré, à l'équation (34).

La démonstration étant semblable à celle qui a été développée à l'article X, je me contenterai de l'indiquer.

Considérons d'abord le cas d'une seule fonction X_1 et déterminons une fonction P_1 des variables x_i, p_k par l'équation

$$(P_1 X_1) = 1;$$

il est aisé de voir que, si l'on considère la forme

$$U_d = dz - p_1 \, dx_1 - \ldots - p_m \, dx_m + P_1 \, dX_1,$$

les équations de Pfaff relatives à cette forme et comprises dans l'équation unique

$$\delta U_d - d U_\delta = 0$$

sont indéterminées. D'ailleurs, par suite de la présence de la différentielle dz, U_d ne peut appartenir qu'au type indéterminé. On aura donc nécessairement

$$U_d = dZ - P_2 \, dX_2 - \ldots - P_m \, dX_m,$$

et par conséquent

$$dz - p_1 \, dx_1 - \ldots - p_m \, dx_m = dZ - P_1 \, dX_1 - \ldots - P_m \, dX_m,$$

ou encore

$$d\Pi = P_1 \, dX_1 + \ldots + P_m \, dX_m - p_1 \, dx_1 - \ldots - p_m \, dx_m.$$

Le théorème est donc démontré pour le cas d'une seule fonction.

Quand il y en aura plusieurs, il suffira de répéter, presque textuellement, les démonstrations de l'article X. Nous nous dispenserons de les reproduire.

Nous avons fait maintenant connaître les trois propositions de M. Lie relatives aux identités

$$p_1\,dx_1 + \ldots + p_m\,dx_m = \mathrm{P}_1\,d\mathrm{X}_1 + \ldots + \mathrm{P}_m\,d\mathrm{X}_m,$$
$$\rho(dz - p_1\,dx_1 - \ldots - p_m\,dx_m) = d\mathrm{Z} - \mathrm{P}_1\,d\mathrm{X}_1 - \ldots - \mathrm{P}_m\,d\mathrm{X}_m,$$
$$p_1\,dx_1 + \ldots + p_m\,dx_m = \mathrm{P}_1\,d\mathrm{X}_1 + \ldots + \mathrm{P}_m\,d\mathrm{X}_m + d\Pi.$$

Comme elles ont de nombreuses applications, nous avons voulu les démontrer par les procédés les plus élémentaires. La seule proposition que nous ayons empruntée à la théorie des équations aux dérivées partielles est la suivante : *Toute équation du premier ordre admet au moins une solution.* Et même cette proposition est démontrée par les raisonnements donnés à l'article VII.

Nous ferons remarquer que la proposition de l'article X, à savoir, que l'on peut satisfaire à l'équation

$$\rho(dz - p_1\,dx_1 - \ldots - p_m\,dx_m) = d\mathrm{Z} - \mathrm{P}_1\,d\mathrm{X}_1 - \ldots - \mathrm{P}_m\,dx_m$$

en prenant pour Z une fonction quelconque, offre un moyen, différent de celui de l'article VII, de rattacher la théorie des équations aux dérivées partielles à la solution du problème de Pfaff.

Car, si

$$\mathrm{Z} = 0$$

est l'équation à intégrer, on pourra se proposer de ramener l'expression différentielle à un nombre *impair* de variables

$$dz - p_1\,dx_1 - \ldots - p_m\,dx_m$$

à la forme

$$\frac{1}{\rho}\,(d\mathrm{Z} - \mathrm{P}_1\,d\mathrm{X}_1 - \ldots - \mathrm{P}_m\,dx_m),$$

et, ce problème une fois résolu, les équations

$$\mathrm{X}_1 = \mathrm{C}_1, \quad \ldots, \quad \mathrm{X}_m = \mathrm{C}_m$$

donneront une intégrale complète de la proposée. A la vérité, ce moyen paraît moins direct que celui de l'article **VII**, et il semble qu'il augmente la difficulté du problème, puisqu'il conduit à la solution, non seulement de l'équation

$$Z = 0,$$

mais aussi de

$$Z = C.$$

Mais il est aisé, comme on sait, d'introduire une constante dans une équation aux dérivées partielles. Par exemple, on remplacera x_i par $x_i + C$, z par $z + C$ ou $z + C_k x_k$; et en résolvant par rapport à cette constante, on fera disparaître l'objection que nous venons de signaler.

8026   Paris. Imprimerie de GAUTHIER-VILLARS, quai des Augustins, 55.